BEI GRIN MACHT SICH IHR WISSEN BEZAHLT

- Wir veröffentlichen Ihre Hausarbeit,
  Bachelor- und Masterarbeit

- Ihr eigenes eBook und Buch -
  weltweit in allen wichtigen Shops

- Verdienen Sie an jedem Verkauf

Jetzt bei www.GRIN.com hochladen
und kostenlos publizieren

Tom Dennstedt

Karteninterpretation der topographischen Karte „L5130 Erfurt W"

GRIN Verlag

Bibliografische Information der Deutschen Nationalbibliothek:

Die Deutsche Bibliothek verzeichnet diese Publikation in der Deutschen National-
bibliografie; detaillierte bibliografische Daten sind im Internet über http://dnb.d-
nb.de/ abrufbar.

Impressum:

Copyright © 2010 GRIN Verlag GmbH
Druck und Bindung: Books on Demand GmbH, Norderstedt Germany
ISBN: 978-3-640-92796-8

Dieses Buch bei GRIN:

http://www.grin.com/de/e-book/172619/karteninterpretation-der-topographischen-
karte-l5130-erfurt-w

Philipps-Universität Marburg
Fachbereich Geographie
Karteninterpretation
SS 2010

Autor: Tom Dennstedt

30.09.2010

[KARTENINTERPRETATION]

der topographischen Karte „L5130 Erfurt W"

Inhaltsverzeichnis

1. Einleitung

Die Karteninterpretation ist ein aus Analyse und Synthese bestehender Prozess, welcher sich mit der Interaktion von Elementen in einer Karte beschäftigt. Zur Analyse werden Informationen und Wissen aller Zweige der Geographie herangezogen (vgl. A. HÜTTERMANN, 1993, S 13). Vereinfacht erklärt handelt es sich bei der Karteninterpretation um eine Bestandsaufnahme mit darauffolgender ganzheitlicher Darstellung der Ergebnisse.

2. Grundinformationen zur interpretierten Karte

Die Interpretation erfolgt auf der Grundlage des Blattes „L5130 Erfurt W". Inhalt der Karte ist ein Ausschnitt der Planungsregion Mittelthüringen im Maßstab 1:50.000. Sie wurde vom Thüringer Landesvermessungsamt im Jahre 2004 herausgegeben und liegt im Koordinatensystem UTM vor.

2.1 Orientierung und grobe Gliederung des Blattes

Die Aufteilung der Karte erfolgt nach folgendem Muster: links ist eine Blattübersicht aufgeführt, in welcher alle Karten eines überregionalen Gebietes (über Thüringen hinaus) mit ihrer Kartenbezeichnung gezeigt werden. Die Karten innerhalb des Bearbeitungsgebietes des Thüringer Landesvermessungsamtes sind hellblau unterlegt, das rechts abgedruckte Blatt „L5130 Erfurt W" dunkelblau. Unter der Blattübersicht ist die Verwaltungsgliederung zu finden. Ebenfalls im linken Drittel des Blattes – zwischen Karte und Blattübersicht - befindet sich eine ausführliche Legende in drei Sprachen. Dieser schließt rechts die eigentliche Karte an. Das in der Karte dargestellte Gebiet liegt im Bereich der UTM-Zone 32U im Gitterquadrat PB (100km-Quadrat) unter der Projektion des geodätischen Referenzsystems WGS84.

Die letzte umfassende Aktualisierung der Karte wurde im Jahre 1992 durchgeführt, einzelne Ergänzungen im Jahre 2004. Im Blatt L5130 Erfurt W wird das Gebiet mit den UTM-Koordinaten vom Ostwert/Rechtswert ca. 32UPB175 bis 32UPB408 und Nordwert/Hochwert von ca. 32UPB290 bis 32UPB513 bzw. nach den Geografischen Koordinaten in Grad, Minuten und Sekunden von 10°39'55"E bis 10°59'55"E und 50°47'56"N bis 50°59'56"N dargestellt. Die Koordinateneinteilung erfolgt gemäß UTM in 1-km-Quardate.

Das Blatt zeigt die Mittelstädte Arnstadt und Gotha im Süden und Westen, das westliche Stadtgebiet der Landeshauptstadt Erfurt im Osten sowie zahlreiche mitunter sehr kleine. Die Karte gibt einen Ausschnitt von 3 Verwaltungsbereichen wieder. Im nordöstlichen Teil wird die kreisfreie Stadt Erfurt angerissen, westlich, etwa zwei Drittel der Karte einnehmend, der Landkreis Gotha sowie südöstlich der westliche Teil des Ilm-Kreises. Geomorphologisch beinhaltet der in der Karte abgebildete Bereich hauptsächlich das Thüringer Becken. Im Südwesten, unterhalb des Ortes Gräfenhain beginnen bereits die Ausläufer des Thüringer Waldes, der sich dann auf der südliche Nachbarkarte „L5330 Suhl" erstreckt, wobei die Stadt Suhl auch hier nur zu einem kleinen Teil abgebildet ist. Hier befinden sich auch die höchsten Punkte in der interpretierten Karte. Im südlichen Teil der Karte liegt etwa im Bereich 32UPB178305 der Berg „Brandkopf" sowie der Ziegelberg bei 32UPB184290. Beide Berge erreichen eine Höhe von 692 Metern. Westlich schließt die Karte „L5128 Eisenach O" mit der Kleinstadt Waltershausen als Tor zum Thüringer Wald sowie den Westteil von Eisenach an. Die im Norden anschließende Karte „L4939 Erfurt NW" beinhaltet den Nordwesten der Thüringer Landeshauptstadt sowie einen Teil die relativ dünn besiedelten Verwaltungsbereiche Sömmerda und Unstrut-Hainich-Kreis. Letztlich schließt im Westen der Kartenausschnitt „L5132 Erfurt" an, der einen großen Teil der Stadt Erfurt sowie den Westen von Weimar darstellt.

2.2 Standortermittlung nach vorliegenden UTM-Koordinaten

In Abbildung 1 ist die auf 100 Meter genaue Positionsangabe durch UTM erklärt. Das Koordinatensystem UTM teilt sich weltweit von Ost nach West in 60 Zonen auf (1-60), wobei Deutschland im Bereich von Zone 32 und 33 liegt. In Süd-Nord-

Richtung findet die Aufteilung in Form von Buchstaben statt. Die Zählung von A-Z beginnt am Südpol und endet am Nordpol. Abgesehen vom äußersten Süden Deutschlands liegt die Bundesrepublik in Zone U. Demnach befindet sich der größte Teil Deutschlands (ebenso wie der Kartenausschnitt L5130) im Zonenfeld 32U. Teile Ostdeutschlands schließen mit Zonenfeld 33U an, Teile Süddeutschland mit Zonenfeld 32T. Die einzelnen Zonenfelder sind in Gitterquadrate eingeteilt, dessen Bezeichnung aus einem Buchstabenpaar besteht. Die Zusammensetzung der Buchstabenbezeichnung erfolgt durch die jeweilige Vergabe eines Buchstabens für den senkrechten und einen Buchstaben für den waagerechten Abschnitt mit jeweils 100 km. Das Zonenfeld 32U gliedert sich 36 Gitterquadrate. Jedes Gitterquadrat hat eine Größe von 100 x 100 Kilometern. Die vorliegende Karte liegt im Bereich des Gitterquadrats PB. Neben den Gitterquadratbezeichnungen gibt es eine Nummerierung der Gitterquadrate innerhalb eines Zonenfeldes. Für das Zonenfeld 32U gilt die Nummerierung von E300 (West) bis E700 (Ost) sowie von N5200 (Süd) bis N6200 (Nord). Der in Abbildung 1 eingezeichnete Punkt befindet sich im Zonenfeld 32U, im Gitterquadrat PB. Das Gitterquadrat PB (von E600-E700 und N5600-N5700) ist in weitere 1-km-Quadrate eingeteilt. Abbildung 1 zeigt das grün umrandete Quadrat mit der Bezeichnung 32UPB375345. Der Rechtswert (E) setzt sich hierbei aus dem 1-km-Qudrat westlich der Gitterlinie 37 innerhalb des Gitternetzpunktes PB sowie der Abschätzung des Abstandes zum nächsten 1-km-Qudrat zusammen. Da der grüne Punkt im Beispiel in der Mitte des 1-km-Qudrates liegt, erhält der Punkt die Ziffer 5. Zusammengeschrieben enthält der Punkt den Rechtswert/Ostwert 32UPB375 (32U-PB-37-5). Gleiches gilt für die Zusammensetzung des Nordwertes/Hochwertes.

Abb. 1 Veranschaulichung der Vorgehensweise zur Ermittlung einer Ortsangabe im 100-Meter-Bereich am Beispiel der Arnstädter Innenstadt.
Quelle: THÜRINGER LANDESVERMESSUNGSAMT, TK50, eigener Scan des vorliegenden Blattes L5130 / 1 Quadrat entspricht 1 km*1km / genordet

Hier wird das 1-km-Quadrat zwischen den Linien 33 und 34 von Süd nach Nord betrachtet. Da auch hier der Punkt mittig liegt, setzt sich die Position aus Linie 33 im Süden und der Schätzung bis zur Linie 34 im Norden – in dem Fall wieder 5 – zusammen. Auch hier erfolgt die Positionsangabe auf eine Genauigkeit von etwa 100 Meter. In der Ortsangabe werden Rechts- und Hochwert zusammengeschrieben. Im Beispiel der Abbildung 1 hat die Ortsangabe die Bezeichnung 32UPB375345. Die 1-km-Quadrat zeigt den Innenstadtbereich der Mittelstadt Arnstadt.

3. Physiogeographische Analyse

In der physiogeographischen Analyse wird anhand der in der Karte verfügbaren Informationen ein Überblick über den geomorphologischen Zustand sowie die Flächennutzung geschaffen, wodurch sich weitere Faktoren wie Klima, Geologie oder Vegetation in der Vergangenheit, Gegenwart und wenn möglich Zukunft in ihrer Form und ihrer Ausprägung ableiten lassen.

3.1 Relief

Die Interpretation der Oberflächengestalt wird wie folgt räumlich differenziert. Da sich Reliefunterschiede nördlich und südlich der Autobahn A4 erkennen lassen, werden diese Gebiete gesondert betrachtet. Begonnen wird mit dem wenig bewaldeten und flacheren Gebiet des unteren Thüringer Beckens nördlich der genannten Autobahn. Ein erster grober Überblick zeigt, dass dort nur wenige Höhenlinien vorhanden sind. Die Anlegung von zahlreichen Wirtschaftswegen, die insgesamt geringe bis mitteldichte Besiedelung und nur vereinzelte Bewaldung deuten auf eine intensive Landnutzung in Form von Ackerbau und Viehzucht hin. Die wenigen und weit auseinanderliegenden Höhenlinien zeigen geringe Höhenunterschiede. Vor allem zwischen den Städten Erfurt und Gotha liegen größere Ebenheiten, welche durch einzelne, runde Isohypsen auf hügelige Züge hinweisen. Eine Isohypsendrängung im Naturschutzgebiet Seeberg bei Gotha weist in Relation zu darumliegenden ebenen Gebieten auf größere Höhenzüge hin, welche das Resultat von Verwerfungen sind. Hier, wie auch bei den anderen in Süd-Thüringen liegenden Höhenzügen und Verwerfungen ist die Streichrichtung herzynisch in Ausrichtung SW-NO. Dieses Gebiet liegt in der Eichenberg-Saalfelder Störungszone, welche das Thüringer Becken vom Thüringer Wald trennt (vgl. G. SEIDEL, 1995). Erdgeschichtlich gehört das Thüringer Becken zum Trias, in der eine Ablagerung von Buntsandstein, Muschelkalk und Keuper stattfand. Zur Bildung der höher liegenden Gebiete um das Thüringer Becken wurden die Untergründe im Tertiär angehoben. Als eine typische Keuperlandschaft wird die Region „Drei Gleichen" angesehen. Diese Landschaften entstanden vor rund 300 Millionen Jahren durch die Verlandung eines ausgedehnten Meeres. Im Bereich der Muschelkalk-Gebiete, welche im Thüringer Becken, aber auch in Süd-Thüringen vorzufinden sind, zeichnet sich das Landschaftsbild durch Schichtstufen aus (vgl. G. SEIDEL, 1995, S 8f). Ein Beispiel für eine Schichtstufen-Landschaft ist das im unteren Teil der Karte liegende Gebiet des Truppenübungsplatzes.

Eine enge Isohypsenscharung im Bereich nördlich des großen Seebergs und westlich des Ortes Seebergen offenbart einen großen Höhenabfall auf kleinem Raum. Die Karte zeigt westlich des Seeberges durch entsprechende Signaturen sogar Rinnen, Schluchten oder Büschungen. Richtung Gotha nimmt der Höhenzug an Höhe ab, wobei der stärkere Höhenabfall auf der SW-Seite liegt. Der genannte Höhenzug ist großteils durch Laubwald überzogen. Eine weite Erhöhung ist das südwestlich vom Seeberg liegende Naturschutzgebiet Röhnberg/Kaffberg. Auf den Kaffberg entfällt mit 399 Metern ü. NN bereits der höchste Punkt nördlich der Autobahn A4. Auch diese Erhöhung liegt innerhalb der Eichenberg-Saalfelder Störungszone (vgl. ebd.). Die restlichen Gebiete nördlich der Autobahn A4 liegen etwa zwischen 250 und 350 Meter ü. NN, ohne steilere Hänge oder größeren zusammenhängenden Waldgebieten. Es ist davon auszugehen, dass durch die geringe Bewaldung, den sehr kleinen Anteil an Wiesenflächen, die teilweise vorhandenen Hecken zur Flurabtrennung sowie durch die zahlreichen Fuß-, Rad- und Wirtschaftswege große Teile des oberhalb der A4 liegenden Gebiete in ackerbaulicher Nutzung stehen. Durch die geringen Höhenunterschiede und die fruchtbaren Schwarzerdeböden bietet sich dieser Raum für anspruchsvolle Landwirtschaft an.

Unterhalb der o. g. Autobahn beginnt ersichtlich durch zahlreiche und enger zusammenliegende Isohypsen ein grundlegender Höhenanstieg. Es ist ein Übergangsgebiet zwischen dem Thüringer Wald im Süden und dem Thüringer Becken im Norden. In der Mitte des Gebietes unterhalb der Autobahn A4 befindet sich ein, gemessen an der direkten Umgebung, erhöhter Truppenübungspatz. Das Gelände ist zu etwa 2/3 mit Wiesen und zu etwa 1/3 mit Wald bewachsen. Um den Truppenübungsplatz herum liegen die Isohypsen recht nah beisammen, im Gelände selbst scheinen die Höhenunterschiede eher gering zu sein (o.g. Schichtstufen). Er scheint eine leicht plateauartige Ausprägung zu besitzen. Östlich vom Truppenübungsplatz, unterhalb von Arnstadt im Bereich des Plaueschen Grundes und Alteburg liegen die Höhenlinien stellenwiese sehr eng beisammen. Betrachtet man die Isohypsenschar in den UTM-1-km Quadraten mit dem Rechtswert 32UPB36 und 32UPB37 und dem Hochwert 32UPB30, kann man einen Höhenunterschied von 180 Meter (= 18

Höhenlinien x 10m/Linie) auf relativ kleinem Raum ablesen. Teilweise ist der Hang mit Steilwänden (Felsen) durchsetzt, was auf eine recht hohe Reliefenergie hindeutet.

Durch die Isohysenform können Reliefoberflächen erkannt werden. So ist am ungefähren Punkt 32U PB 298175 ein Muldental zu erkennen. Oft werden diese von Oberläufen durchflossen, wie auch in diesem Beispiel.

In Abbildung 2 (unten) lässt sich die Isohysenform und Isohypsenverteilung mit denen in der Karte vergleichen. Im Querprofil in Abbildung 2 (oben) sind die Hänge konkav geformt (vgl. A. HÜTTERMANN, 1993, S 45). Neben dem Muldental unterscheidet man noch das schluchtenartigere Kerbtal, das breitere und weniger steile Kastental und die aus vielen Tälern bestehende Talasymetrie (vgl. ebd.).

Etwas weiter östlich des Punktes Punkt 32U PB 298175 ist eine Schlucht erkennbar, jedoch ist hier eine Höhenangabe nicht ersichtlich.

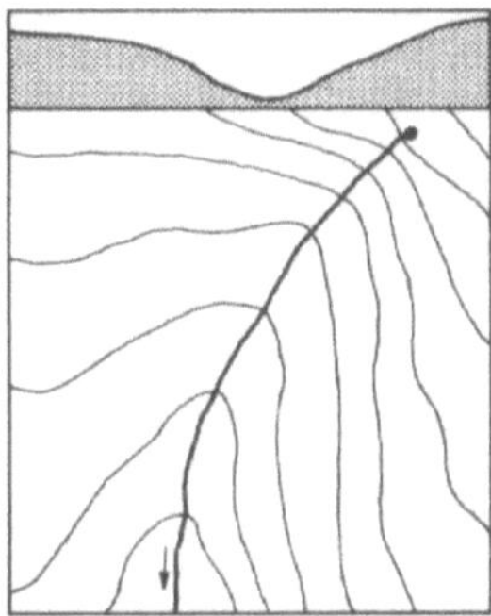

Abb. 2 Muldental in Isohypsen (Maßstab etwa 1:50.000)
Quelle: HÜTTERMANN, 1993, S 46

3.2 Hydrologie

Auf dem untersuchten Blatt gibt es keine Ströme oder große Flüsse. Die größten Fließgewässer im Bereich der Karte sind die Gera und die Apfelstädt. Die Apfelstädt mündet im südwestlichen Stadtgebiet von Erfurt in die Gera. Diese entspringt in Gehlberg im Thüringer Wald, außerhalb der Karte und durchfließt dabei Arnstadt, führt weiter durch Erfurt und mündet schließlich bei Sömmerda in Nordthüringen in die Unstrut. Vor allem im unteren Bereich der Karte kann ein Fließen die Gewässer nahezu immer aus südlichen Richtungen, häufig von SSW bis SW nach NNO bis NO erkannt werden. Parallelen lassen sich mit der Streichrichtung der Gebirgszüge ziehen. Eine Nutzung der Fließgewässer für den Tourismus oder die Wirtschaft in Form von Schiffbarkeit ist nicht möglich. Zu früheren Zeiten wurde die Gera jedoch für den Holztransport genutzt. Wassersport wird nur in Form von Kanusport und Paddeln betrieben. Zudem gibt es keine Kurorte im Bereich des Blattes. Im oberen Kartenteil ist keine vorherrschende Fließrichtung erkennbar. Die Bäche und Flüsse bewegen sich radial zu den tiefsten Punkten des Thüringer Beckens nach Norden.

Die Gewässerdichte ist im höher gelegenen Süden größer als im flachen Norden. Es entspringen zahlreiche Quellen und Oberläufe im äußersten Südwesten im Bereich Wechmarschen Holz. Das Gebiet des großen Truppenübungsplatzes durchfließen hingegen nur 2 Gewässer am Rande. Hier ist von einer möglichen Trockenlegung der Flächen auszugehen. In Abbildung 3 und 4 werden ein Gebiet im Mittelgebirgsraum unterhalb vom Tambach-Dietharz im Thüringer Wald aus dem Kartenausschnitt L5328 und ein Gebiet gleicher Größe aus dem Kartenausschnitt L5130 gegenüber gestellt. Während in Abbildung 3 ein dichtes Gewässernetz und Quellennetz aufgrund geomorphologischer Gegebenheiten zu finden ist, treten in Abbildung 4 (Ausschnitt aus der interpretierten Karte) nur sporadisch Flüsse zu Tage. Begründet ist die geringe Fließgewässerdichte durch die fast ebenen Flächen sowie durch die hauptsächlich landwirtschaftlich genutzten Böden sowie den Lee-Effekt des Thüringer Waldes. Zu erkennen sind auch stellenweise Flussbegradigungen für eine wirtschaftlichere Flächennutzung. Vor allem im Süden ist eine herzynische Flussrichtung erkennbar. Diese setzt sich bei zahlreichen kleinen Zuflüssen westlich von Erfurt Richtung Gotha in die Nesse fort. Auch die größten im Blatt liegenden Flüsse Apfelstädt und Gera folgen der herzynen Richtung. Hauptsächlich kleine Zuflüsse nehmen die herzynische Richtung ein, während die Hauptflüsse teilweise einen anderen Weg einschlagen.

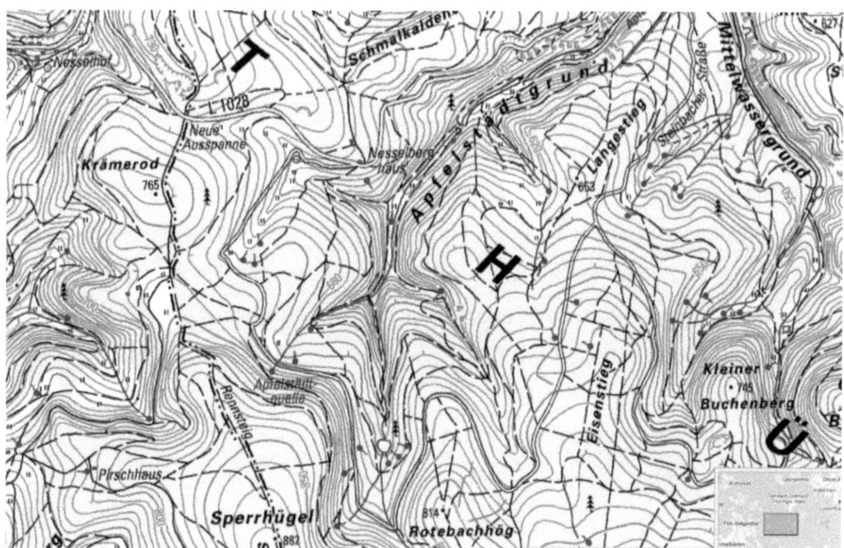

Abb. 3: Thüringer Wald unterhalb von Tambach-Dietharz mit hoher Fließgewässerdichte
(Maßstab 1:50.000, genordet)
Quelle: ATKIS (www.gps-tracks.com)

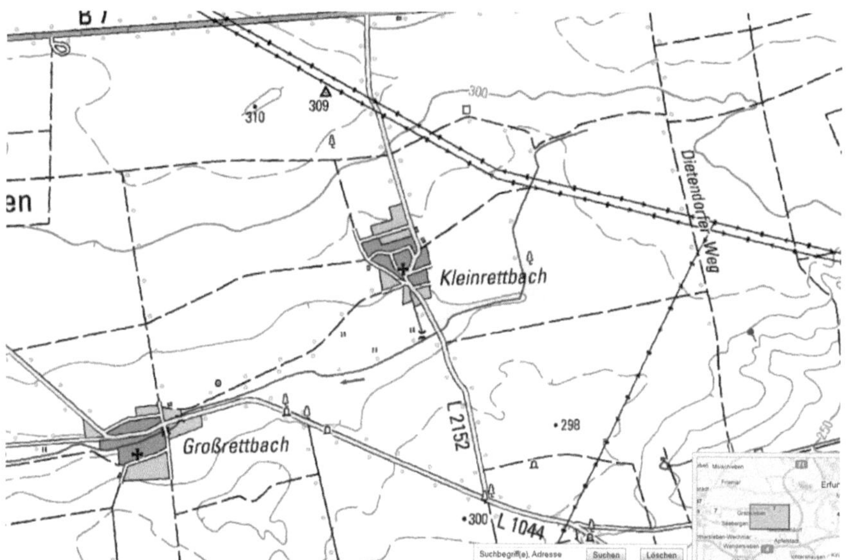

Abb. 4 ein Gebiet gleicher Größe im Thüringer Becken zwischen Erfurt und Gotha (Maßstab
1:50.000, genordet)
Quelle: ATKIS (www.gps-tracks.com)

Entlang der Bundesstraße B7 zwischen Erfurt und Gotha (UTM Rechtswert 32UPB45) verläuft eine Wasserscheide, welche die Gewässereinzugsgebiete der Unstrut nördlich und der Werra südlich trennt (THÜRINGER LANDESAMT FÜR UMWELT UND GEOLOGIE). In Abbildung 5 ist die genaue Grenze der Wasserscheide eingezeichnet. Der Ausschnitt entspricht in etwa dem Gesamtgebiet des Blattes L5130. Die Wasserscheide ist in der vorliegenden Karte gut zu erkennen. Im Bereich des UTM Rechtswertes 32UPB45 zeichnen sich keine kreuzenden Oberflächengewässer ab. Alle Flussarme beginnen oberhalb oder unterhalb eines breiteren Streifens. Gleiches gilt für den weiteren Wasserscheidenverlauf.

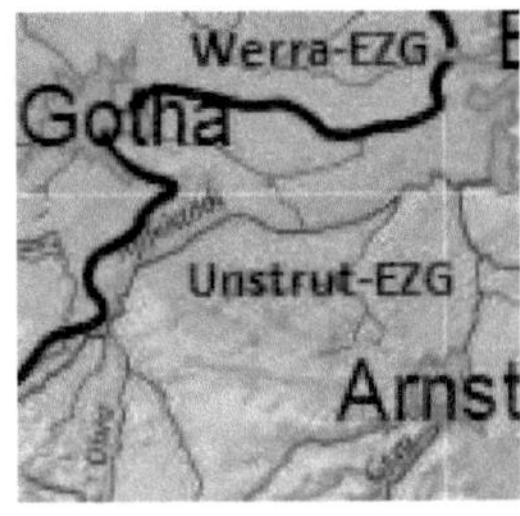

Abb. 5 Bereich der Wasserscheide (schwarze Linie) zwischen Weser-Einzugsgebiet im NW und Unstrut-Einzugsgebiet im SW
Quelle: THÜRINGER LANDESAMT FÜR UMWELT UND GEOLOGIE (eigene Ergänzung)

Alle in der Karte eingezeichneten Fließgewässer sind perennierender Natur. Sie trotzen jahreszeitlichen Schwankungen (vgl. A. HÜTTERMANN, 1993, S 72f). Die meisten Bäche und Flüsse haben einen relativ gradlinigen Verlauf; stark ausgeprägte Mäander sind selten. Sie unterliegen einem starken anthropogenen Einfluss. Flussverwilderungen sind unterhalb von Ohrduf an der Ohra zu erkennen. Diese Verästelung in einzelne Arme sind Hinweise auf erhöhte Schwankungen des Abflusses sowie grobkörnige Ablagerungen (vgl. ebd.). Das Gefälle nimmt ab, resultierend daraus setzen sich grobe Sedimente ab. Im weiteren Verlauf nach Norden in die Stadt Ohrduf befinden sich beiderseits der Ohra befahrbare Dämme, die ebenfalls auf jahreszeitliche Wasserschwankungen hindeuten. Ansonsten sind die in der Karte verzeichneten Bäche und Flüsse seltener mit Hochwasserschutzeinrichtungen versehen. Einzelne Teilabschnitte von Bahnlinien liegen auf Hochwasserschutzdämmen. Die geringe Anzahl an Hochwasserschutzmaßnahmen deuten auf ein relativ trockenes Klima mit wenigen extremen Niederschlagsereignissen hin. Eine dieser wenigen Schutzmaßnahmen sind die Dämme um die Landebahn des Flughafens Erfurt. Neben den Dämmen wurde ein Wasserrückhaltebecken nahe der Landebahn geschaffen, um die Stadt vor plötzlich auftretenden Wassermassen zu schützen. Über das Blatt verteilt finden sich einige Stillgewässer, die nach ihrer Form wahrscheinlich meist künstlicher Art sind. Es handelt sich um Trinkwasserspeicher und Baggerseen. Trotz der umfangreichen landwirtschaftlichen Nutzung befinden sich im Gebiet nur sehr wenige Brunnen.

3.3 Klima

Deutschland liegt in der golfstrombeeinflussten, gemäßigten Klimazone Mitteleuropas. Niederschläge gibt es ganzjährig, wobei der Februar der niederschlagsschwächste und der Juni der Monat mit den größten Niederschlagsmengen ist. Der kälteste Monat ist der Januar, der wärmste der August. Maßgeblich für das Klima im Thüringer Becken sind orographische Einflüsse. Die Gebiete der Karte liegen auf der Lee-Seite des Thüringer Waldes und ferner des Thüringer Schiefergebirges. Da die südwestliche Windrichtung in Deutschland vorherrschend ist und der herzynische Thüringer Wald im Südwesten und Süden des in der Karte dargestellten südlichen Thüringer Beckens liegt, ist abzuleiten, dass das Klima relativ trocken ist. Je weiter man sich nördlich auf der Karte bewegt, desto trockener wird das Gebiet. Wie in Abbildung 6 zu sehen ist, bewegt sich abgesehen vom Erzgebirgsraum der gesamte Osten zwischen durchschnittlichen Jahresniederschlagsmengen von 400-700 mm, während im Rest des Landes fast durchgängig deutlich höhere Werte erreicht werden. Der schwarz eingekreiste Bereich entspricht in etwa der Position des Blattes L5130. Abbildung 6 dient erstrangig zum Vergleich der nationalen durchschnittlichen Niederschlagmengen pro Jahr mit dem untersuchten Gebiet.

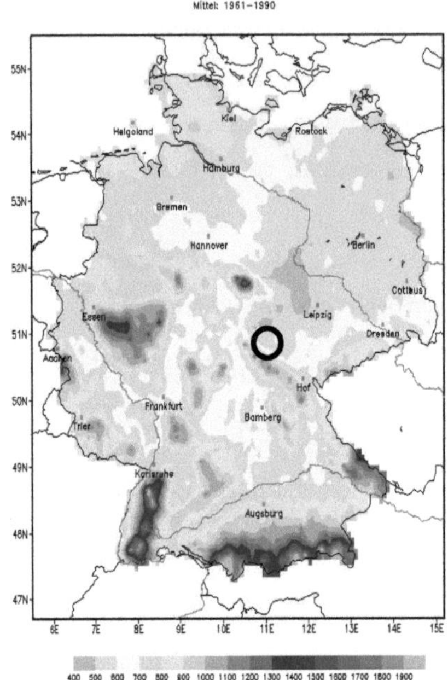

Abb. 6 Mittlerer Jahresniederschlag in Deutschland von 1961 - 1990
Quelle: DEUTSCHER WETTERDIENST (eigene Bearbeitung)

Ein Indikator für das trockene Klima ist das auf der gesamten Karte Nichtvorhandensein von grundwasserversorgten Niedermooren oder Hochmooren (vgl. A. HÜTTERMANN, 1993, S 85). Zudem haben die geringen Niederschlagsmengen das Auswaschen der Böden verhindert, wodurch heute landwirtschaftliche Nutzung im Vordergrund steht. Die Anzahl der Bäche und Flüsse ist gering, ebenso wie die der Entwässerungsgräben. Flurnamen geben keinen Aufschluss über das Klima. Die Temperatur liegt auf vergleichbare Höhenlagen bezogen im nationalen Durchschnitt, was sich vor allem bei den relativ milden Wintertemperaturen und der Schneearmut zeigt. Trotzdem ist das Klima allgemein kontinentaler als im Westen der Republik. Zahlreiche Sonderkulturen wie Baumschulen und Obstgärten – vor allem oberhalb der Autobahn A4 und vorwiegend an Hängen – weisen auf häufige Inversionenwetterlagen hin (vgl. ebd.). Durch die regional eher geringe Anzahl an

Windkraftanlagen ist abzulesen, dass die durchschnittliche Windgeschwindigkeit eher gering ist. Dies könnte am Windschatten des Thüringer Waldes liegen.

Abbildung 7 und 8 zeigen den Temperaturunterschied zwischen Erfurt im Thüringer Becken und des Plateaus Schmücke im Thüringer Wald. Vor allem der Unterschied der Niederschlagsmengen und der Verteilung sind auffällig. Die Schmücke erhält im Winter oft Stauniederschläge, im Sommer häufig starke Konvektion. Vor allem im Winter bleibt Erfurt von den stark ausgeprägten orographisch begünstigten Niederschlägen des Thüringer Waldes verschont. In folgenden Punkt 3.4 ist das Klima von der Vegetationsverteilung, welche sich vorranging auf Bäume bezieht ableitbar. Die Schmücke ist zwar nicht Bestandteil der Karte, dient aber zum Vergleich der klimatischen Verhältnisse.

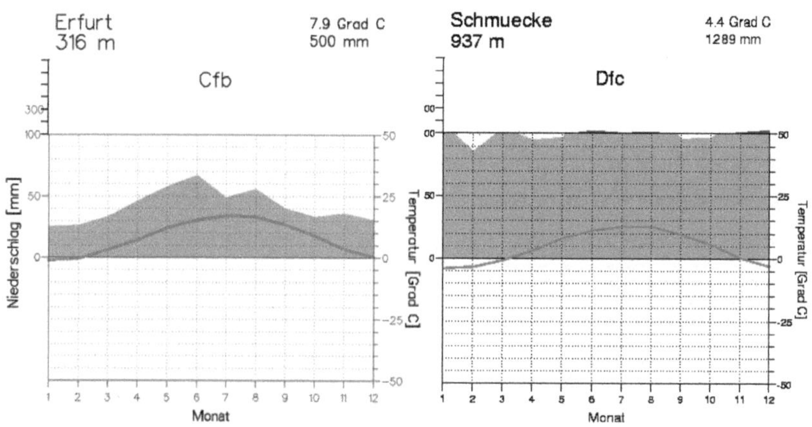

Abb. 7 und 8 Klimadiagramme von Erfurt im Thüringer Becken (links) und der Schmücke im Thüringer Wald (rechts) von 1961 - 1990
Quelle Abb. 7: HTTP://WWW.KLIMADIAGRAMME.DE/DEUTSCHLAND/ERFURT.HTML
Quelle Abb. 8: HTTP://WWW.KLIMADIAGRAMME.DE/DEUTSCHLAND/SCHMUECKE.HTML

3.4 Vegetation

Die Vegetation wirkt auf den ersten Blick wenig vielseitig. Sehr große Nutzflächen stehen nur wenigen Waldflächen gegenüber. Die weiß eingezeichneten Kulturlandflächen teilen sich in Wiesenflächen mit sowie Ackerbauflächen ohne eigener Signatur. Eine differenzierte Einteilung der Waldareale in Baumarten liegt nicht vor. Die Unterteilung erfolgt lediglich in Laub-, Nadel- oder Mischwald (vgl. A. HÜTTERMANN, 1993, S 81ff). Im südwestlichen Teil des Kartenblattes, dort wo der Thüringer Wald bereits beginnt, sind ausschließlich Nadelhölzer zu finden. Nach Norden nimmt der Laubwaldanteil zu. Mischwälder sind nur im Naturschutzgebiet mittig der Karte zwischen Wechmar und Wandersleben, östlich von Mühlberg sowie im Waldstück westlich von Gotha zu finden. In allen anderen Gebieten ist eine Trennung zwischen Laub- und Nadelwald erkennbar, wobei wie oben erwähnt der Laubwald überwiegt. Wiesenanteile sind insgesamt nur wenig enthalten und konzentrieren sich auf den im unteren Blattbereich befindlichen Truppenübungsplatz. Weitere einzelne Rasenflächen fallen im Gesamtbild kaum auf. Zusammengefasst nehmen die Wiesenflächen in etwa den gleichen Raum ein wie die vorhandenen Waldflächen. Abzüglich der Siedlungsflächen, Industrieflächen, Friedhöfe, Verkehrsflächen und ähnliche Flächen in anthropogener Nutzung weisen etwa 40% als restliche Fläche keine Signatur und Farbe auf. Diese Flächen sind Ackerflächen. Wirtschaftswege sind kartografisch erfasst. An drei verschiedenen Arten von Standorten werden Waldgebiete auf dem Blatt erkannt. Zum einen an steilen Hängen, welche auf Grund ihres Reliefs unattraktiv für Ackerflächen sind (Schichtstufenlandschaft). Des Weiteren gibt es schmale Waldflächen entlang von Flussläufen, wie z. B. an der Apfelstädt mittig der Karte. Da Buchen Flachländer und nicht zu trockene, fruchtbare Böden bevorzugen, kann davon ausgegangen werden, dass diese im Thüringer Becken v.a. im oberhalb der Autobahn A4 zu finden sind. Da das Thüringer Becken bereits relativ trocken ist, sollten hier auch Eichen Standplätze finden. Unterhalb der Autobahn A4, wo das Klima etwas feuchter wird und die Höhe zunimmt treten entsprechend der Standortbedingungen vermehrt Nadelhölzer auf. Der südwestlich von Ohrdruf beginnende Thüringer Wald sollte durch seine Höhe von ca. 500 Metern in diesen Breiten einen idealen Standort für Fichten abgeben, da diese vor allem im Mittelgebirgsraum anzutreffen sind (vgl.ebd.).

In den anderen Gebieten sollten die Nadelhölzer in auf Grund der geringeren Höhe in Gestalt von Kiefern auftreten.

4. Anthropogeographische Analyse

In der Anthropogeographischen Analyse wird anhand der Karte dargestellt, welche Flächen wie durch den Menschen genutzt werden, wie sich die Art und die der Umfang der Nutzung verändert hat und sich womöglich verändern wird.

4.1 Flächennutzung und Wirtschaft

Auf dem gesamten Gebiet gibt es keine Bergwerke, was darauf hinweist, dass es nicht reich an Bodenschätzen ist. Abtragungsgebiete für Schiefer befanden sich erst im südlich gelegenen Thüringer Wald, Schiefergebirge sowie im Harz in Nordthüringen. Im Vordergrund stand und steht der Ackerbau. Neben Gerste, Weizen und Zuckerrüben wurde und wird vor allem im Erfurter Raum auch umfangreich der Anbau von Blumen betrieben. Auch heute noch hat Erfurt überregional den Ruf als Blumenstadt. Zu früheren Zeiten bescherte Erfurt und Umgebung der Anbau von Waid Reichtum und Attraktivität. Durch den intensiven Anbau von Gerste entwickelte sich Erfurt zur Brauereistadt. Auf der Karte zu erkennen ist auch der in den Flusstälern praktizierte Obstanbau. Hier gedeihen durch die fruchtbaren Böden und die kältegeschützten Lagen vor allem Kirschen, Äpfel und Pflaumen. Der Ackerbau, Obstanbau und die Viehzucht sind ein nicht zu unterschätzender Wirtschaftsfaktor im Bereich der vorliegenden Karte.

Abgesehen von der Landwirtschaft ist das Gebiet weniger wirtschaftlich bevorzugt. Zwar sind auf dem Kartenblatt einige Industrie- und Gewerbegebiete erkennbar, doch fehlen große und starke Unternehmen mit großem Arbeitsplatzangebot. Industrie- und Gewerbegebiete beheimaten oft nur Klein- und Kleinstunternehmen, dies jedoch mit akzeptablen Zuwachsraten. Der Faktor Tourismus spielt im Thüringer Becken weniger durch landschaftliche Vorzüge eine Rolle, als vielmehr durch die oft restaurierten, sehr alten Städte wie Arnstadt und Erfurt. Vor wenigen Jahrzehnten wurde damit begonnen, die trockene und warme Witterung zu nutzen und einzelne Weinberge an exponierten Hängen zu betreiben. Ein rund 10 km langes und 5 km breites Gebiet zwischen Ohrdruf und Arnstadt wird als Truppenübungsplatz genutzt und ist in der Karte eigens mit einer Grenze umrandet.

4.2 Siedlungen und Bevölkerung

Das Gebiet ist im Vergleich zu vielen Regionen in West- und Süddeutschland mittelmäßig bis dünn besiedelt. Auffällig sind jedoch die vielen sehr kleinen Dörfer zwischen Erfurt, Gotha und Arnstadt. Die meisten Gemeinden reihen sich an den kleinen Flüssen und Gräben. Unterhalb der Autobahn A4 im Bereich der weniger landwirtschaftlich genutzten Gebiete nehmen die Gemeindedichte ab und die Gemeindegröße zu. Auf der Karte sind kaum Einzelgehöfte zu finden. Die Dörfer sind oft sehr alt uns heben sich von ihrer Struktur von heutigen modernen Dörfern hab. Sie sind geprägt von unrestaurierten Gehöften und alten Bauwerken. Insgesamt weist das Gebiet zwischen den Städten kaum Urbanität auf. An der Schriftgröße der nahe Erfurt liegenden Orte ist zu erkennen, dass das Stadtgebiet der Landeshauptstadt weit nach Westen reicht und die Ortschaften nicht eigenständig sind. Dies ist ein Zeichen des allgemeinen Bevölkerungsrückgangs und der statistischen Beibehaltung oder Erhöhung der Einwohnerzahlen. Viele Orte wurde Anfang der 1990er Jahre zum Erfurter Stadtgebiet eingemeindet. Auf dem Blatt zu sehen sind Molsdorf im Süden sowie Gottstedt, Frienstedt, Alach und Ermstädt im Westen. Marbach, Bindersleben, Schmira und Bischleben gehören schon seit geraumer Zeit zum Erfurter Stadtgebiet und besitzen auch nur noch bedingt einen dörflichen Charakter. Dennoch ist um Erfurt ist kaum eine Suburbanisierung erkennbar. Die Gemeinde Grabsleben, zu der die Ortsteile Cobstädt und Großrettbach gehören, wurde 2009 einer neu gegründeten Gemeinde mit der Bezeichnung „Drei Gleichen" zugeteilt. Neben Grabsleben wurden noch die ehemaligen selbstständigen Gemeinden Seebergen, Wandersleben und Mühlberg in die nun über 5.000 Einwohner zählende Gemeinde Drei Gleichen eingegliedert. Die oberhalb von Grabsleben liegenden Gemeinden verwalten sich selbstständig. Westlich von

Arnstadt befinden sich noch die Wachsenburggemeinde, welche sich Mitte der 1990er Jahre aus Haarhausen, Bittstädt, Holzhausen, Röhrensee und Sülzenbrücken gegründet hat. Die Wachsenburggemeinde hat heute trotz der zahlreichen dazugehörigen Gemeindeteile nur rund 2.500 Einwohner. Die meisten der Dörfer haben die Struktur eines Haufendorfs. Gegenwärtig verzeichnen die größeren Thüringer Städte zwar ein Bevölkerungswachstum, kleine Ortschaften verlieren jedoch weiterhin an Bevölkerungsstärke. Die Industrialisierung hatte zwischen den größeren Städten kaum Einzug gehalten. Trotz der teilweise sehr geringen Dorfgrößen besitzt ausnahmslos jede Gemeinde eine eigene Kirche. Die Bevölkerung galt als sehr gläubig und gehörte bis zur Reformation dem katholischen Glauben an. Die wenig urbane Struktur des Gebietes spiegelt die Berufe der Bevölkerung wieder. Auch heute gibt es abseits der größeren Städte kaum Verarbeitendes- oder Dienstleistungsgewerbe. Viele Dorfbewohner pendeln in die Stadt oder arbeiten auf dem Gehöft und dem Feld. In Abbildung 9 ist ein für diese Region typisches Dorf zu sehen, welches oft aus wenigen alten, meist unsanierten Gehöften und einer Kirche besteht. Zahlreiche Mühlen sind noch heute vor allem entlang der Apfelstädt zu finden.

Abb. 9: Cobstädt, Typisches Dorf mit Gehöft im Thüringer Becken
Quelle: http://www.wohnstrategen.de/wohnprojekte/lebensgut-cobstaedt

Viele Gemeinden tragen die Endungen „hausen", und die auch vermehrt in Thüringen, Sachsen-Anhalt und Skandinavien anzutreffende Endung „leben" oder

„städt" und "stedt" in ihrem Namen. Gesprochen wird im gesamten Raum der Zentralthüringische Dialekt, welcher zur Thüringisch-Obersächsischen Dialektgruppe gehört. Südlich des Rennsteigs im Thüringer Wald dominieren die ostfränkischen Dialekte.

4.3 Verkehrsflächen

Schon wenige Jahrhunderte nach Christus war Erfurt Schnittpunkt zweier der wichtigsten Handelsstraßen Europas. Hier kreuzten sich die Königsstraße (via regia), welche West- und Osteuropa miteinander verband sowie die Handelsverbindung zwischen Nürnberg und Hamburg (vgl. E. KAISER, 1933, S 152). Die via regia führte in Thüringen von Eisenach über Gotha durch Erfurt, Weimar, Jena, Gera, Altenburg und schließlich weiter nach Sachsen und verband somit die wichtigsten Handelsstädte Thüringens mit der Welt.

Die wichtigste Verbindung durch das Gebiet des Blattes L5130 ist heute die Autobahn A4. Sie verläuft von West nach Ost durch ganz Deutschland und verbindet die gleichen Thüringer Städte wie die damalige via regia. Um die schlechte Verbindung zwischen Thüringen und Bayern zu verbessern, befindet sich gegenwärtig die Autobahn A71 im Bau. Die gestrichelte Darstellung bei Erfurt-Alach ist nicht mehr aktuell, da die Autobahn bereits bis Sömmerda fertiggestellt ist. Sie soll nach ihrer Gesamtfertigstellung Erfurt mit Sangerhausen im Norden und Schweinfurt im Süden verbinden. Die Verknüpfung zwischen den Autobahnen A4 und A71 befindet sich in Form eines Autobahnkreuzes südwestlich von Erfurt nahe Molsdorf. Im Gegensatz zum Thüringer Wald wurden durch das flache Relief die Bauarbeiten sowie die Planungen nicht erschwert, da auf Tunnel und Brücken größtenteils verzichtet werden konnte. Planungsprobleme traten jedoch in Form von Eigentumsrechten an landwirtschaftlichen Flächen auf. Im Gebiet des Kartenblattes befinden sich nur wenige Naturschutzgebiete, welche für die Planung ebenfalls hinderlich gewesen wären. Weitere Schnellstraßen sind die Bundesstraße B7 von Sachsen über Erfurt, Frienstädt, Gamstädt, Tüttleben, Gotha nach Nordrhein-Westfalen, die Bundesstraße B7 von Schleswig-Holstein durch Erfurt, Arnstadt nach Bayern, die

Bundesstraße B247 von Niedersachen durch Gotha, Schwabhausen, Ohrdruf Richtung Thüringer Wald und die B88, welche nur innerhalb von Thüringen verläuft und hauptsächlich das Vorland des Thüringer Waldes bedient. Auch die B88 führt durch Ohrdruf. Kleine Orte sind mit Kreis oder Landstraßen verbunden, welche (durch die gelbe Einfärbung sichtbar) in erster Linie bedeutend für den Regionalverkehr sind.

Das Bahnnetz ist den demografischen Umständen entsprechend nicht sehr dicht. Eine elektrifizierte Hauptlinie verläuft etwa parallel mit der Bundesstraße und der Autobahn u.a. nach Kassel im Westen und Berlin im Osten. Sie durchzieht die gesamte Karte von Ost nach West. Die Thüringer Bahn, auch als Stammbahn bezeichnet wurde 1849 eröffnet und zählt als erste längere Bahnlinie in Thüringen. Befahren wir die Strecke heute vom Fernverkehr (IC und ICE), dem Regionalverkehr sowie mehreren privaten Bahnunternehmen und zahlreichen Güterzügen. Ein Abzweig nach Süden befindet sich zwischen Neudietendorf und Apfelstädt. Es handelt sich hierbei um eine nicht elektrifizierte, aber relativ stark befahrene Strecke über Arnstadt in den Thüringer Wald. In Arnstadt teilt sich die Strecke wiederholt, wobei der südliche Abzweig durch den Plaueschen Grund direkt in den Thüringer Wald führt, der östliche nach Südost- und Ostthüringen. Der nach Nord führende Ast besitzt lediglich Industriebahncharakter. In Gotha teilt sich die Hauptlinie nach Norden in Richtung Mühlhausen und Leinefelde, nach Süden nach Oberhof. Eine weitere Teilung bei Warza nördlich von Gotha endet bereits wenige Kilometer in östliche Richtung und wird wahrscheinlich kaum noch oder nicht mehr bedient. Gleiches gilt für die ehemalige Stadtstrecke der Kleinbahn Erfurt (West)-Nottleben, welche vom Erfurter Hauptbahnhof über die Bahnhöfe Erfurt-Nord, Györer Straße, Berliner Straße, Erfurt West und Erfurt-Bindersleben nach Nottleben verlief und von 1976 bis 1993 als S-Bahn betrieben wurde. Heute wird die Strecke zwischen Erfurt-Nord und Alach nur noch vom Güterverkehr benutzt.

Im Bau befindet sich im Rahmen des Verkehrsprojekts Deutsche Einheit die ICE-Trasse zwischen Erfurt und Leipzig sowie zwischen Nürnberg und Erfurt. Sie verläuft bis kurz vor Erfurt-Bischleben direkt neben der Hauptbahn nach Gotha, biegt jedoch nicht nach Süden ab und passiert trotz eher geringer

Höhendifferenz einen kurzen Tunnel, denn Bahnlinien müssen mehr als der Straßenverkehr Steigungen wenn möglich vermeiden (vgl. A. Hüttermann, 1993, S 123). Bereits vor Ingersleben biegt sie nach Süden ab und verläuft parallel mit der neuen Autobahn A71 Richtung Thüringer Wald. Sie überquert mittels einer Brücke die Hauptstrecke nach Gotha und das Autobahnkreuz Erfurt. Da sich die Strecke noch im Bau befindet, wird sie in der Karte gestrichelt dargestellt. Die neue Autobahn sowie die neue ICE-Strecke nach Nürnberg passieren innerhalb weniger Kilometer mehrfach die Erfurter Stadtgrenze. Da sich die ICE-Strecken von Leipzig nach Frankfurt und von Berlin nach München nach Fertigstellung in Erfurt kreuzen, wurde der Erfurter Hauptbahnhof bereits für die zukünftige ICE-Knoten-Funktion vorbereitet und großzügig modernisiert.

Der Flughafen Erfurt-Bindersleben liegt mit nur rund 6 km Entfernung zur Altstadt recht zentrumsnah im Westen der Landeshauptstadt und ist der einzige Internationale Verkehrsflughafen in Thüringen und neben Altenburg-Nobitz einer von zwei Flughäfen mit Linienverkehr. Am Erfurter Flughafen starten Linien-Urlaubs- und Frachtflüge, wobei Linienflüge zur Zeit auf Deutschland beschränkt sind. Durch die neue Zubringerverbindung mit direktem Anschluss an die neue A71 sowie einem Stadtbahnanschluss an die Erfurter Innenstadt hat sich die Infrastruktur in den letzten Jahren deutlich verbessert. Die Fertigstellung der ICE-Strecke und der Autobahn lässt einen Passagierzuwachs vor allem aus Südthüringen und Nordbayern erwarten.

Literaturverzeichnis

Kartengrundlage: THÜRINGER LANDESVERMESSUNGSAMT (Hrsg.) (2004): TK50 Blatt L5130, Erfurt W. Maßstab 1:50000. - Erfurt

HÜTTERMANN, A. (1993): Karteninterpretation in Stichworten: I. Topographische Karten. – 3. Auflage. Stuttgart

KAISER, E. (1933): Landeskunde von Thüringen. – 1. Auflage. Erfurt

SEIDEL, G. (1995): Geologie von Thüringen. – 1. Auflage. Stuttgart

Internetquellen

ATKIS (2010) - <http://www.gps-tracks.com/TisPois.asp?FiOrt=gpstracks&Map MiddleX=10.969031980888548&MapMiddleY=50.98459913611438&MapMst=1 3&MapStartType=Deutschland-Map%20Utm> (Stand: 2006) (Zugriff: 11.09.2010)

DEUTSCHER WETTERDIENST (2010): http://imkhp8.physik.uni-karlsruhe.de/~lacunosa/Artikel/niederschlag.html (Stand: 2010) (Zugriff: 20.09.2010)

MÜHR, B. (2007): http://www.klimadiagramme.de/Deutschland/schmuecke.html (Stand: 01.06.2007) (Zugriff: 16.09.2010)

MÜHR, B. (2007): http://www.klimadiagramme.de/Deutschland/erfurt.html (Stand: 01.06.2007) (Zugriff: 16.09.2010)

THÜRINGER LANDESAMT FÜR UMWELT UND GEOLOGIE (2010) : http://www2.tlug-jena.de/hnz/Mappetizer2/index.html (Stand: 2010) (Zugriff: 15.09.2010)

WOHNSTRATEGEN – GEMEINSAM PLANEN & BAUEN IN THÜRINGEN (2010): http://www.wohnstrategen.de/wohnprojekte/lebensgut-cobstaedt (Stand: 2010) (Zugriff: 22.09.2010)